Logika jokoak 1

OINARRIZKO GAITASUNAK LANTZEKO KOADERNOAK

Liburu honek Hezkuntza, Unibertsitate eta Ikerketa Sailaren
egokitasun-aitormena du.
Data: 2005-01-21

Egileak: Xavier Blanch eta Laura Espot
Marrazkiak: Cristina Losantos
Itzulpena: Joxan Ormazabal

Lehen argitaraldia: 2005eko apirila
Azken argitaraldia: 2026ko apirila

Diseinu grafikoa: Cass
Maketazioa: Belen Arizabaleta

ISBN: 978-84-9783-229-8
L. G.: SS 173-2014

Inprimatzailea: Leitzaran Grafikak, S. L. Martin Ugalde Kultur Parkea. Andoain (Gipuzkoa)

EGUNA:

IZENA:

1 **Ordenatu marrazkiak, zenbakiak idatziz.**

2 **Margotu ilara bakoitzean ezkerreko marrazkiarekin zerikusia duen objektua.**

3 **Osatu marrazkien segida.**

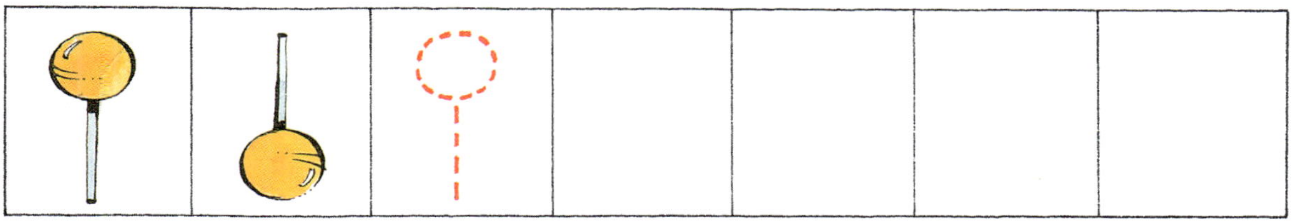

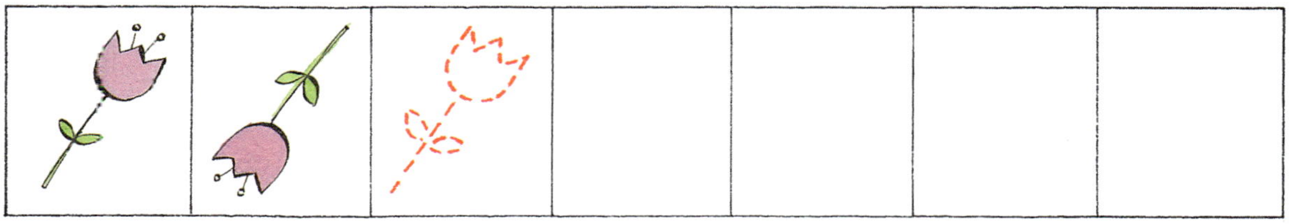

4 Margotu multzo bakoitzean falta den irudia.

5 Ordenatu marrazkiak, zenbakiak idatziz.

6 Lotu goiko marrazki bakoitza dagokion behekoarekin.

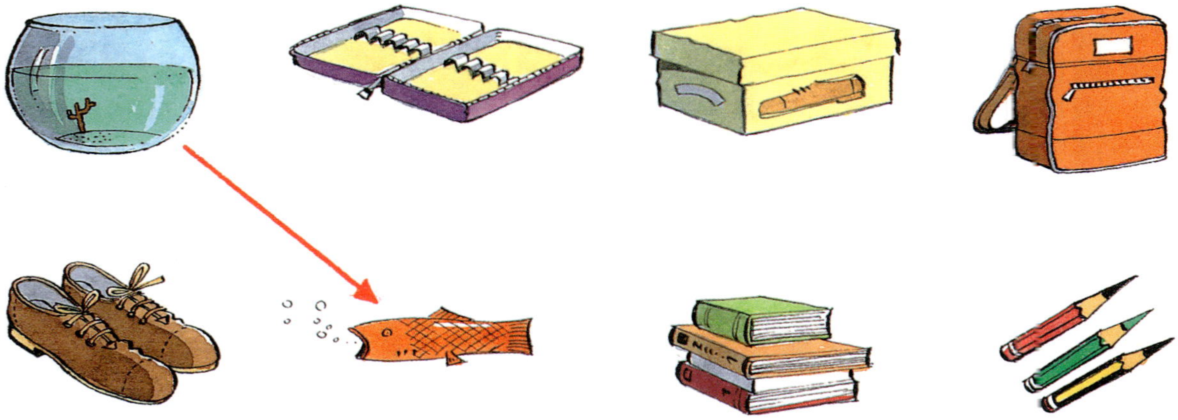

EGUNA:

IZENA:

7 Osatu segida.

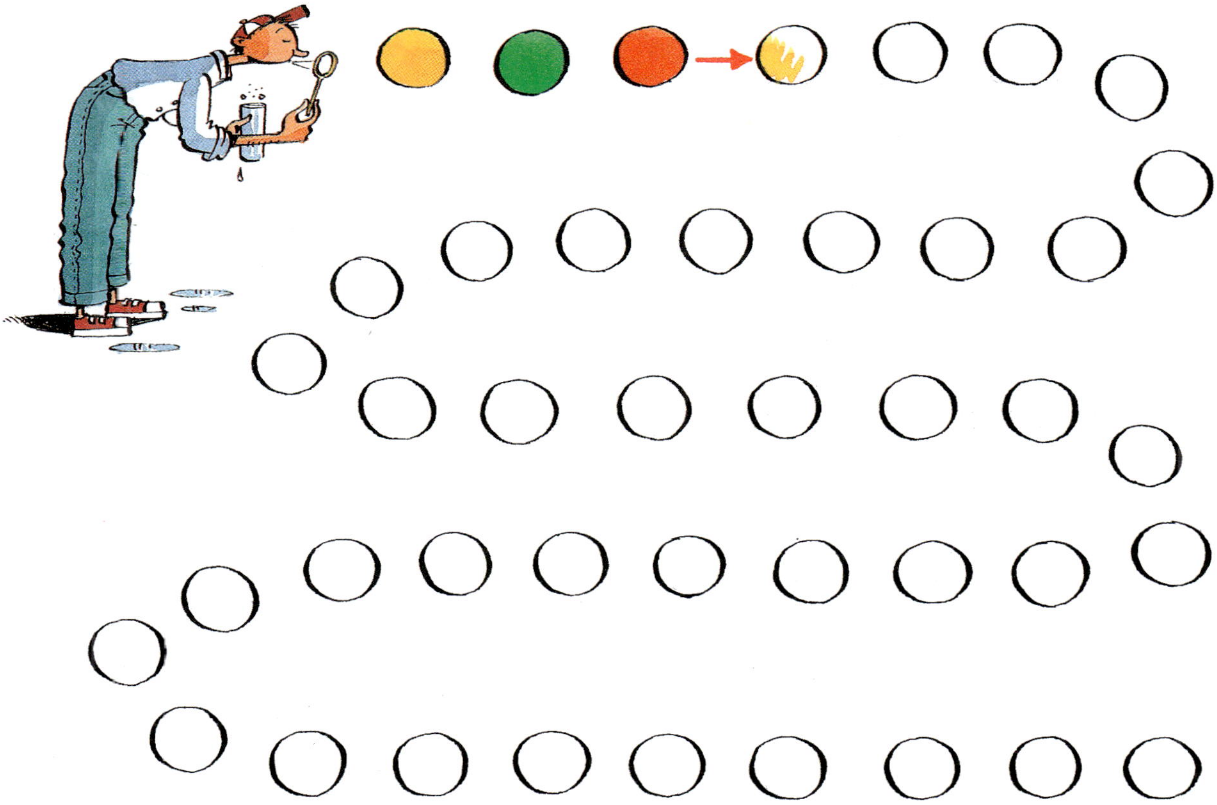

8 Margotu multzo bakoitzean falta den irudia.

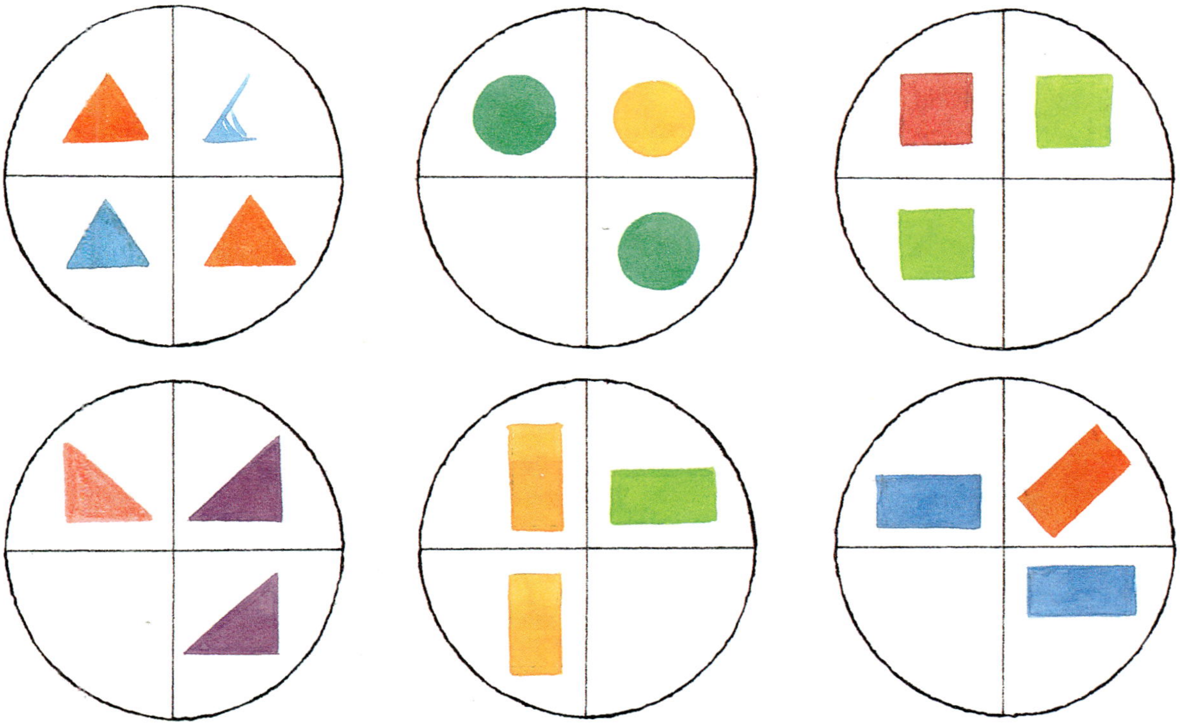

9 **Ordenatu marrazkiak zenbakiak idatziz.**

10 **Aurkitu eta inguratu gaizki dauden beste lau gauza.**

IZENA:

EGUNA:

11 Osatu segidak.

12 Margotu multzo bakoitzean falta den irudia.

13 Ordenatu marrazkiak, zenbakiak idatziz.

14 Inguratu ilara bakoitzean ezkerreko animaliekin zerikusia duen marrazkia.

15 Goiko zein marrazkik osatzen du beheko marrazkien segida?

IZENA:

EGUNA:

16 **Osatu beheko pareta, laukitxoak egoki margotuz.**

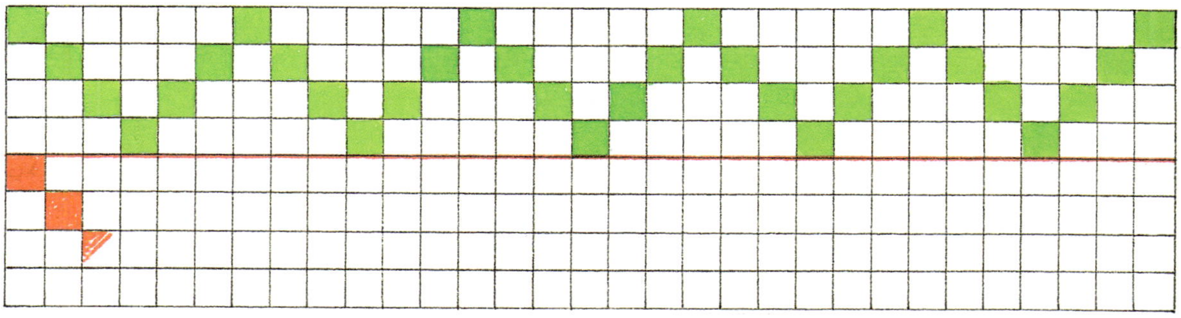

17 **Ordenatu azpiko marrazkiak, zenbakiak idatziz.**

18 **Lotu goiko marrazki bakoitza dagokion behekoarekin.**

19 **Marraztu falta den irudia sail bakoitzean.**

20 **Margotu falta dena hutsik dauden irudien barruan.**

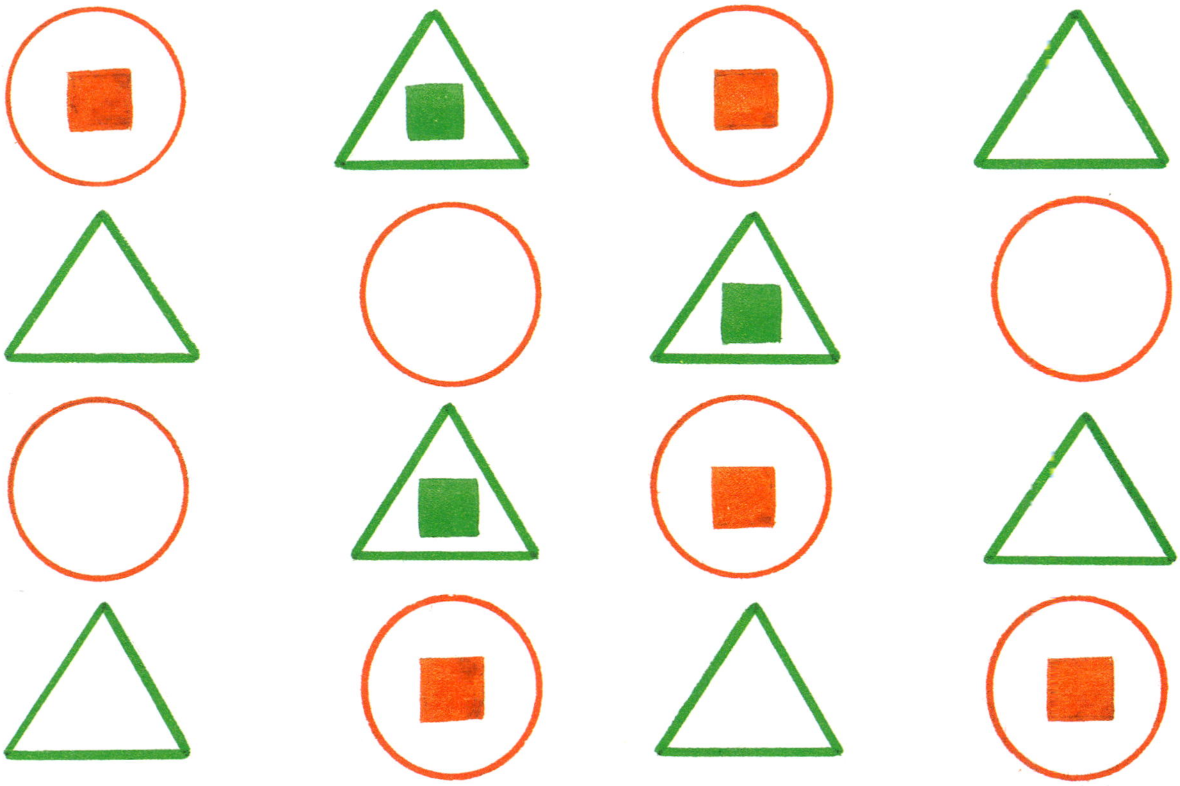

EGUNA:

IZENA:

21 **Ordenatu azpiko marrazkiak, zenbakiak idatziz.**

22 **Aurkitu eta inguratu gaizki dauden beste lau gauza.**

23 Aukeratu eskuineko multzo bakoitzean bere ezkerreko ilararen segidako irudia, eta margotu.

24 Ezabatu beren lekuan ez dauden irudiak.

25 Ordenatu irudiak, zenbakiak idatziz.

26 **Inguratu marra gorriz zu baino handiagoak diren animaliak, eta urdinez zu baino txikiagoak direnak.**

EGUNA:

27 **Ezabatu multzo bakoitzean lekuz kanpo dagoen irudia.**

IZENA:

28 Margotu multzo bakoitzean falta den irudia.

29 Ordenatu azpiko irudiak, zenbakiak idatziz.

30 Elkartu goiko marrazki bakoitza dagokion behekoarekin.

EGUNA:

IZENA:

31 **Osatu segida.**

32 **Ezabatu lekuz kanpo dauden irudiak.**

33 **Esan Miren nor den. Gauza hauetatik bat bakarra daukan neskat[redacted]a da Miren: panpina, diadema eta mantala.**

34 **Ordenatu azpiko irudiak, zenbakiak idatziz.**

35 **Marraztu multzo bakoitzean falta diren irudiak.**

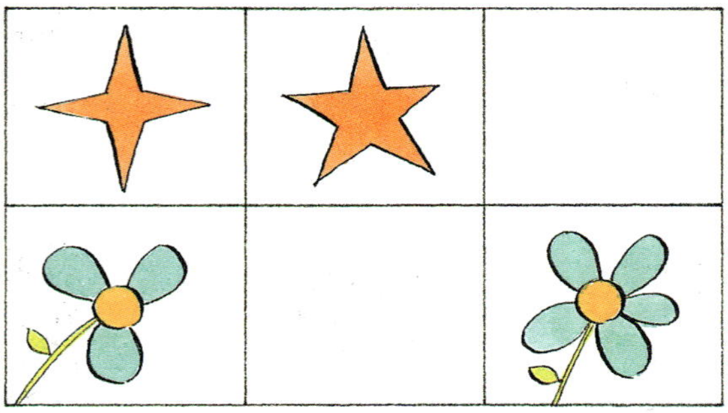

EGUNA:

IZENA:

36 **Goiko zein irudik osatzen du beheko marrazkien segida?**

37 **Bete hutsuneak falta diren irudiekin.**

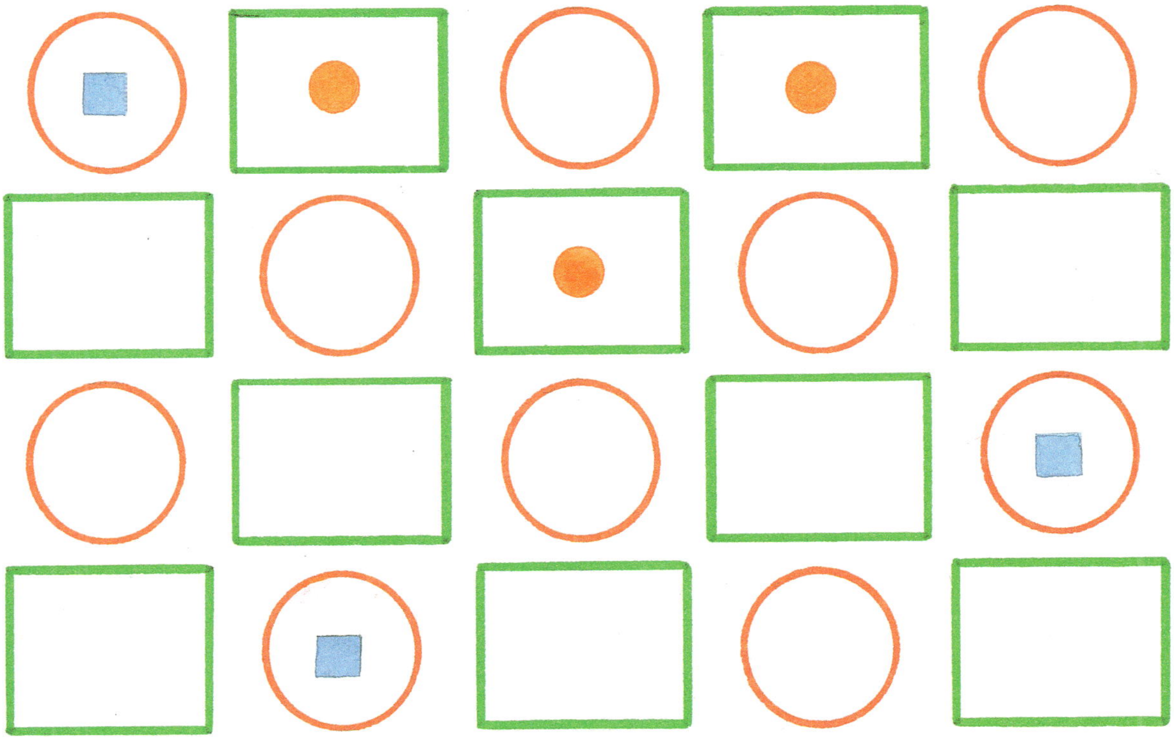

38 **Lotu elkarrekin hizketan ari diren pertsonaiak.**

39 **Ordenatu azpiko irudiak, zenbakiak idatziz.**

IZENA:

EGUNA:

40 **Aurkitu eta inguratu gaizki dauden beste lau gauza.**

41 **Osatu segidak.**

42 **Margotu lauki bakoitzean dagokion izarra.**

43 **Elkartu binaka azpiko pertsonaiak.**

EGUNA:

IZENA:

44 Ordenatu azpiko irudiak, zenbakiak idatziz.

45 Inguratu ilara bakoitzean ezkerreko marrazkiarekin zerikusia daukan tresna.

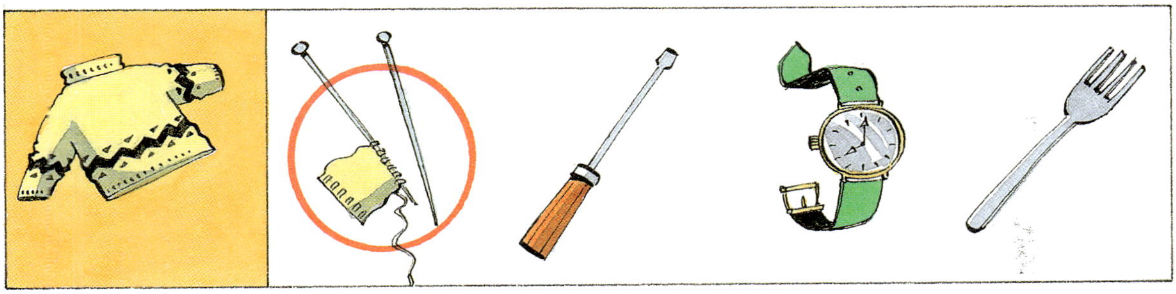

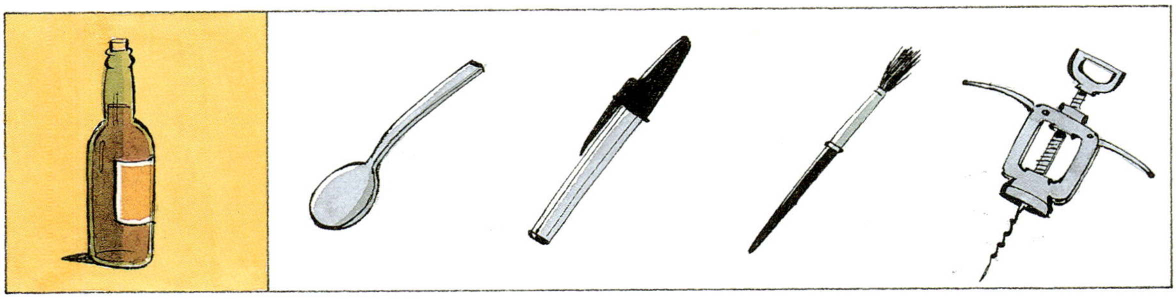

46 Ezabatu X batekin azpiko segidan sobera dauden marrazkiak.

47 Ezabatu lekuz kanpo dauden irudiak.

48 Inguratu ilara bakoitzean besteekin bat ez datozen bi marrazkiak.

49 **Asmatu Maurizio nor den. Maurizio hiru gauza hauetatik bakarra daukana da: mantala, pintzela eta betaurrekoak.**

EGUNA:

50 **Elkartu goiko ilarako marrazki bakoitza dagokion behekoarekin.**

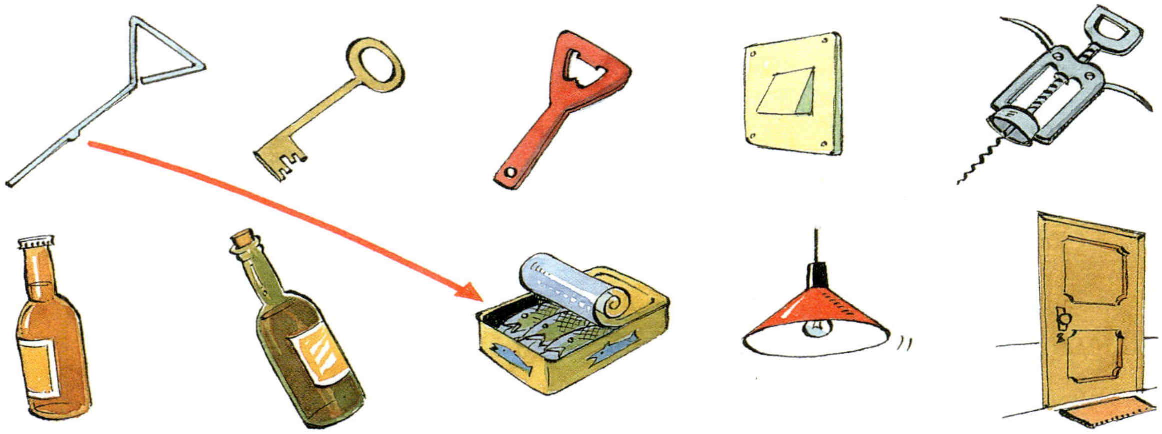

IZENA:

51 **Marraztu eta margotu goiko ilarako gauza bakoitza dagokion lekuan.**

52 **Ordenatu azpiko irudiak, zenbakiak idatziz.**

53 **Aurkitu eta inguratu lekuz kanpo dauden beste bost gauza.**

54 **Marraztu laukitxo bakoitzean dagokion fruta.**

55 **Goiko zein marrazkik osatzen du beheko marrazkien segida?**

EGUNA:

IZENA:

56 **Ezabatu ilara bakoitzean multzokoa ez den ibilgailua.**

57 **Osatu segida.**

58 Osatu marrazkia.

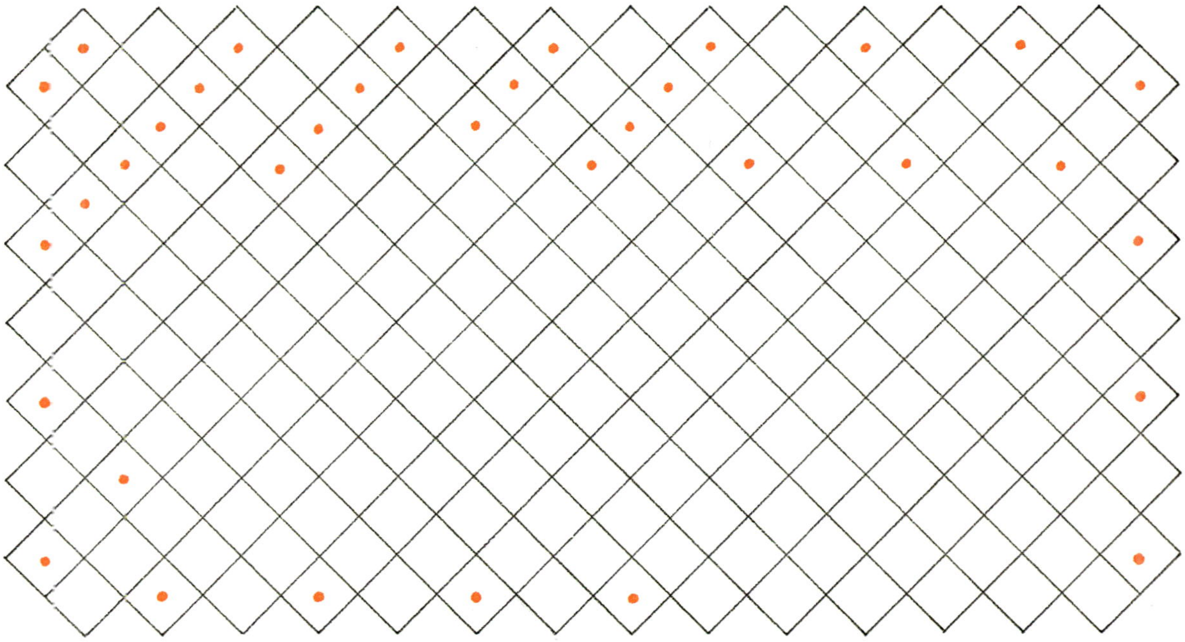

EGUNA:

IZENA:

59 Elkartu binaka hemengo pertsonaiak.

60 Goiko zein marrazkik osatzen du beheko marrazkien segida?

61 Egin ilara bakoitzean segida osatzen duten marrazkiak.

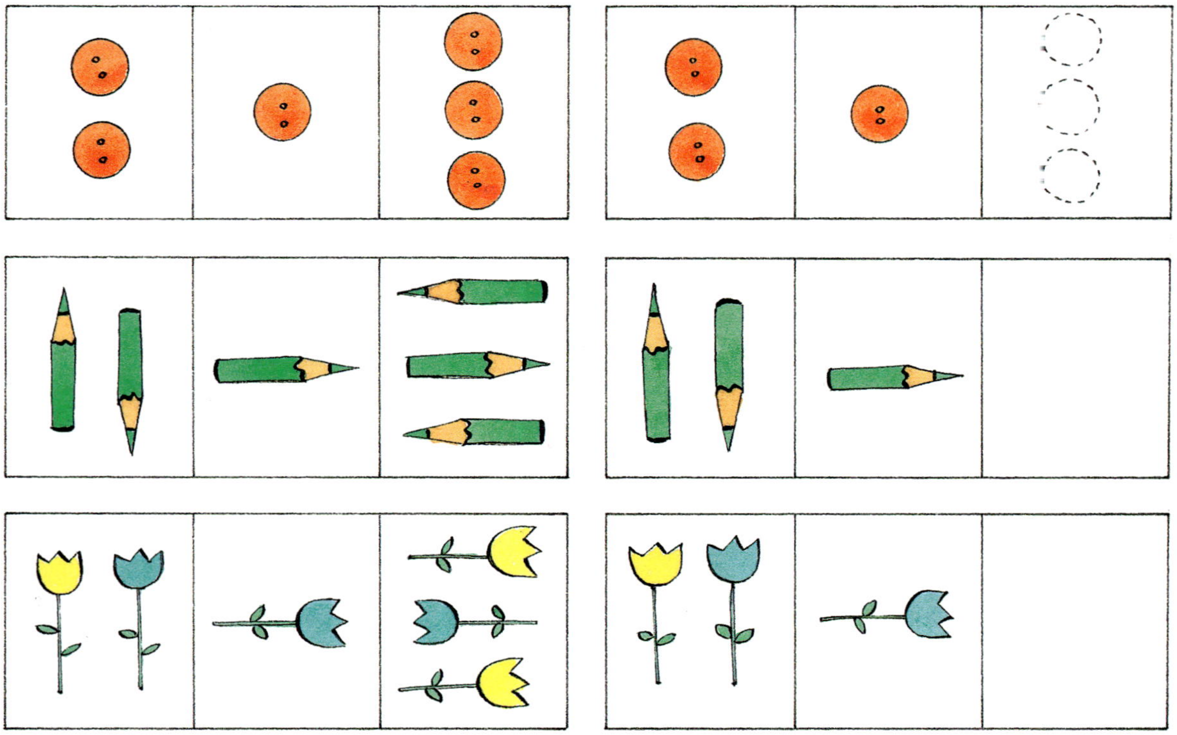

62 Eraman lauki horiko sagu bakoitza dagokion hutsunera.

63 Ea asmatzen duzun Garatxo nor den. Lau gauza hauetatik hiru daramatzana da: erratza, gona luzea, sandaliak eta kapela.

64 Elkartu goiko marrazki bakoitza dagokion behekoarekin.

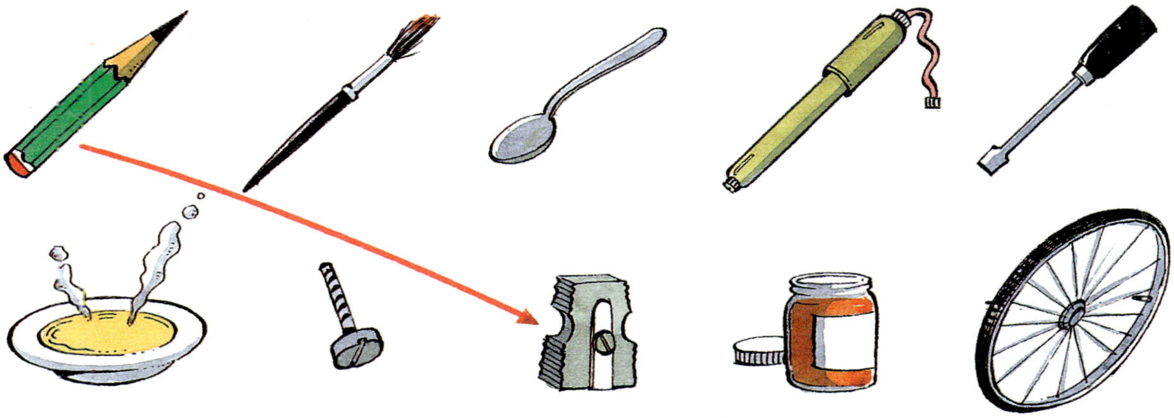

EGUNA:

IZENA:

65 **Ezabatu segida honetan sobera dauden loreak.**

66 **Margotu eskuineko laukian ezkerreko laukian hutsik dauden laukitxoak.**

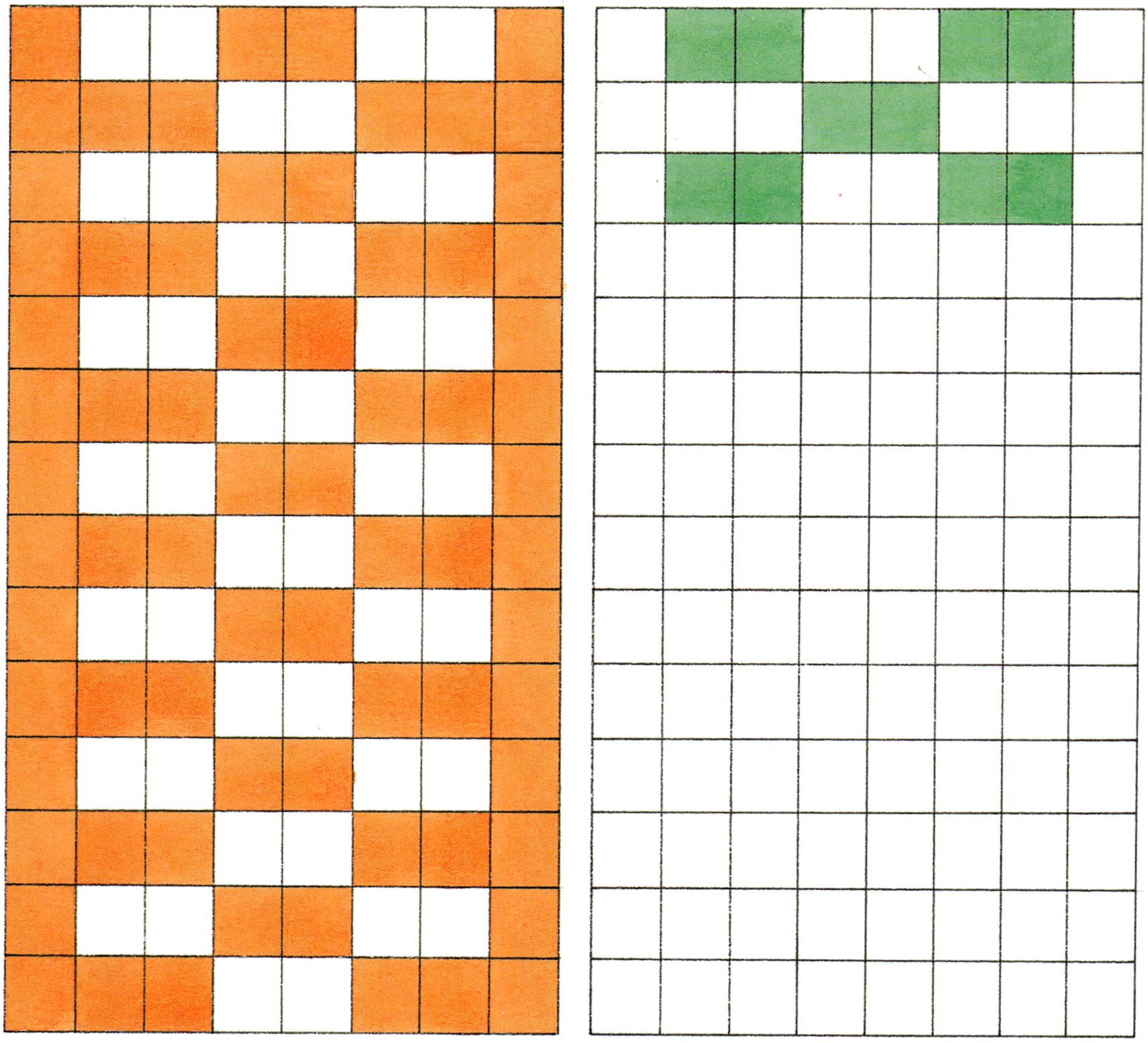

67 **Ordenatu irudi hauek, zenbakiak idatziz.**

68 **Inguratu ilara bakoitzean ezkerreko marrazkiarekin zerikusia duten gauzak.**

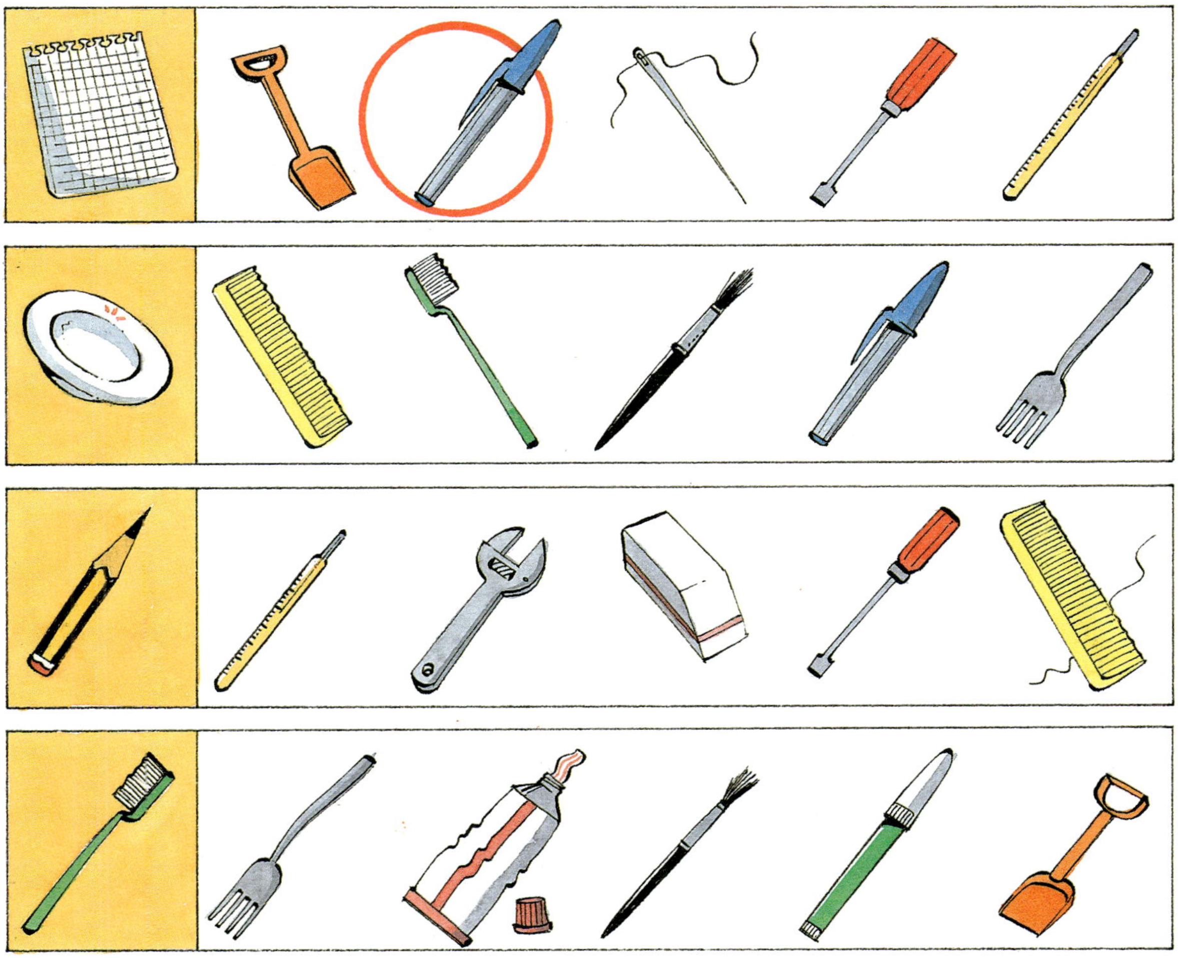

EGUNA:

IZENA:

69 **Aurkitu eta inguratu lekuz kanpo dauden beste bost marrazki.**